我的家在中國・城市之旅④

楚風漢韻
通九省

武漢

檀傳寶◎主編　王小飛◎編著

中華教育

楚河
戶部巷——漢味小吃第一巷
江南三大名樓之一——黃鶴樓
辛亥革命紀念館——
「武漢一呼，天下響應」
進取
「楚河漢界」之地——武漢「三鎮」
東湖——武漢的「西湖」
惟楚有材
「自古楚地出人才」

看看這張「棋盤」一樣的地圖，從地圖上我們能看到長江、漢江、黃鶴樓、東湖，還有辛亥革命紀念館以及觀賞櫻花的地方。

目錄

第一季

江邊黃鶴古時樓

眾多詩人登臨黃鶴樓之後，驚歎之餘，留下了一首首名篇佳作。

會跳舞的仙鶴

黃鶴樓　——崔顥

昔人已乘黃鶴去，
此地空餘黃鶴樓。
黃鶴一去不復返，
白雲千載空悠悠。
晴川歷歷漢陽樹，
芳草萋萋鸚鵡洲。
日暮鄉關何處是？
煙波江上使人愁。

唐代大詩人李白曾有一首詩寫道：「黃鶴樓中吹玉笛，江城五月落梅花。」這首詩中的「江城」，指的就是我國長江中游的一顆璀璨明珠——武漢。詩中提到了「江城」的一座千年古樓——黃鶴樓。

黃鶴樓與滕王閣、岳陽樓並稱「江南三大名樓」，因唐代詩人崔顥的詩句出名：「昔人已乘黃鶴去，此地空餘黃鶴樓。」

▼黃鶴樓的詩歌意境

策馬「軍樓」上

在「江南三大名樓」中，黃鶴樓素有「天下江山第一樓」之美譽。這三大樓是我國古代樓閣的代表作。古人建造樓閣用來做甚麼？

實際上，黃鶴樓等三大名樓的修建，並不是以好看或觀景為主要目的。唐代以前，樓閣也稱「軍樓」，主要用於閱兵、攻擊或防禦等軍事目的。

唐代以後，國家實現大一統局面，樓閣的軍事作用不復存在。黃鶴樓及很多其他樓閣，逐步成為歷代遊客和風流韻士遊覽觀光、吟詩作賦的勝地。

▲ 相傳東漢建安二十年（215），大將魯肅建造了檢閱水軍的閱軍樓，此即今岳陽樓前身

中國的樓閣

在我國古代，不管是**儒**、**釋**、**道**，還是皇家貴族，都把樓閣看作是神聖、尊貴和威嚴的象徵。樓閣一般是兩層或兩層以上的建築，且以木質為主要結構。

樓閣一般臨水而建，視野開闊，可以一覽**湖光山色**。

▲岳陽樓

▲滕王閣

「九省通衢」尋黃鶴

這座樓為何叫黃鶴樓？為甚麼是黃鶴，而不是我們經常見到的白鶴、丹頂鶴？這裏面有一個神話故事。

杳如黃鶴

黃鶴指的是傳說中仙人所乘的鶴，仙人騎着黃鶴飛去，從此不再回來，即所謂「杳無音信」「杳如黃鶴」。

傳說讀書人荀瑰遊覽武昌，到黃鶴樓上休息，迷迷糊糊看見一個人飄然而下。他騎着仙鶴落在黃鶴樓上，很有儒雅風度。兩人把酒論詩，談得十分投機。不一會兒已是酒酣耳熱，那人跨上黃鶴，黃鶴振翅飛上天空而去。

◀黃鶴樓壁畫

黃鶴樓歷代屢毀屢修。今天看到的黃鶴樓是 1985 年重修的，共 5 層，高 51.4 米，全樓各層佈置有大型壁畫、楹聯、文物等。樓外的鑄銅黃鶴造型、勝像寶塔、牌坊、軒廊、亭閣等一批輔助建築，將主樓烘托得更加壯麗。

黃鶴名稱的由來

根據考證，黃鶴樓因山得名的真實性最大。

黃鶴樓所在的蛇山，是由東西排列而首尾相連的七座山組成，從西而東依次有黃鵠山、殷家山等。黃鶴樓正建在黃鵠山的山頂。

古漢語中，「鵠」和「鶴」兩個字是通用的，所以又叫「黃鶴山」，黃鶴山上的樓閣，當然就取名為「黃鶴樓」。

「四面」與「八方」

黃鶴能飛向哪裏？我們先來看看武漢的方位特徵。

武漢地處水路（長江、漢水等）、陸路、鐵路中心樞紐，自古以來被稱為「九省通衢」，交通「四通八達」，可通「四面八方」。所以要確定黃鶴的「去向」，還真不是一件容易的事！

其實「九省」指的是四川、陝西、河南、湖南、貴州、江西、安徽、江蘇以及湖北。今泛指交通便利，非確定數字。

現實中，「四通八達」倒是確有其事。

因為無論古今，自武漢出發，北可溯至豫陝等地、南可達湘桂等地，東可下吳越皖等地，西可上巴蜀等地。

有趣的是，「四面八方」（四邊套八邊形），正是黃鶴樓的建築設計特徵！

▼黃鶴樓

江城三重鎮

黃鶴樓因軍事而建，武漢城的歷史同樣也與軍事有關。

以武治國而昌

公元221年，孫權把東吳都城從建業（今南京）遷至鄂縣，並更名「武昌」，取「以武治國而昌」之意。

孫權修建險要塞地——江夏城，並在江邊構築黃鶴樓等軍事樓閣。

結果，孫權果然在長江流域建功立業，經過在距離武昌不遠的赤壁一戰，奠定三國鼎立之勢和東吳的地位。

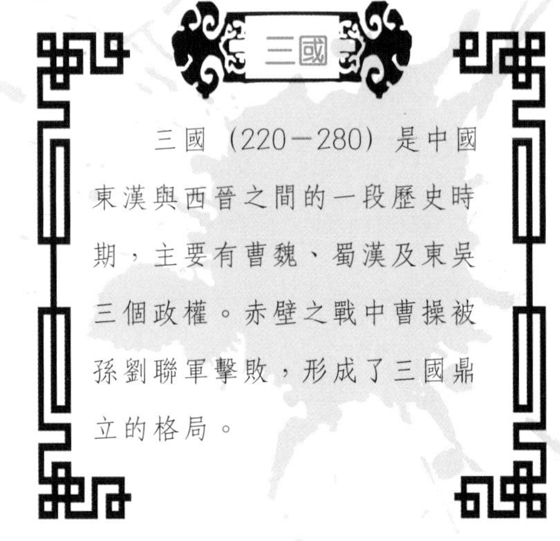

三國

三國（220－280）是中國東漢與西晉之間的一段歷史時期，主要有曹魏、蜀漢及東吳三個政權。赤壁之戰中曹操被孫劉聯軍擊敗，形成了三國鼎立的格局。

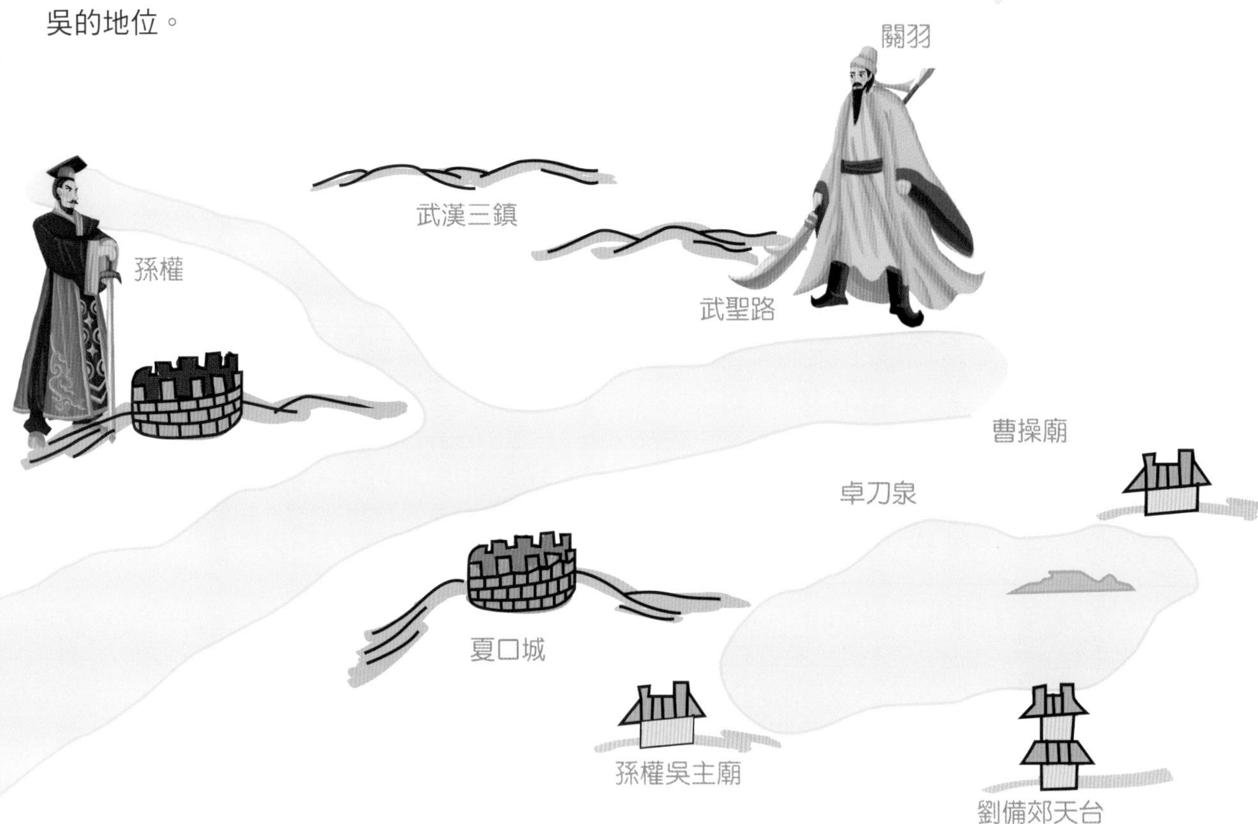

「武漢」一詞明代就有了。至清代，曾國藩等人在信中經常使用。明代以後，漢陽縣所屬的夏口鎮商業發達，成為全國四大名鎮之首，又有「楚中第一繁盛處」之稱，故雙城演變為三鎮，有「武陽夏」的說法。但因市民習慣稱夏口為漢口，故「武漢」之名順理成章成為三鎮的統稱，因武昌、漢陽、漢口皆有一字包含其中。

1926 年 10 月，國民革命軍攻克武漢三鎮，翌年初立武漢為首都。1949 年 5 月 24 日，武漢市人民政府正式成立。

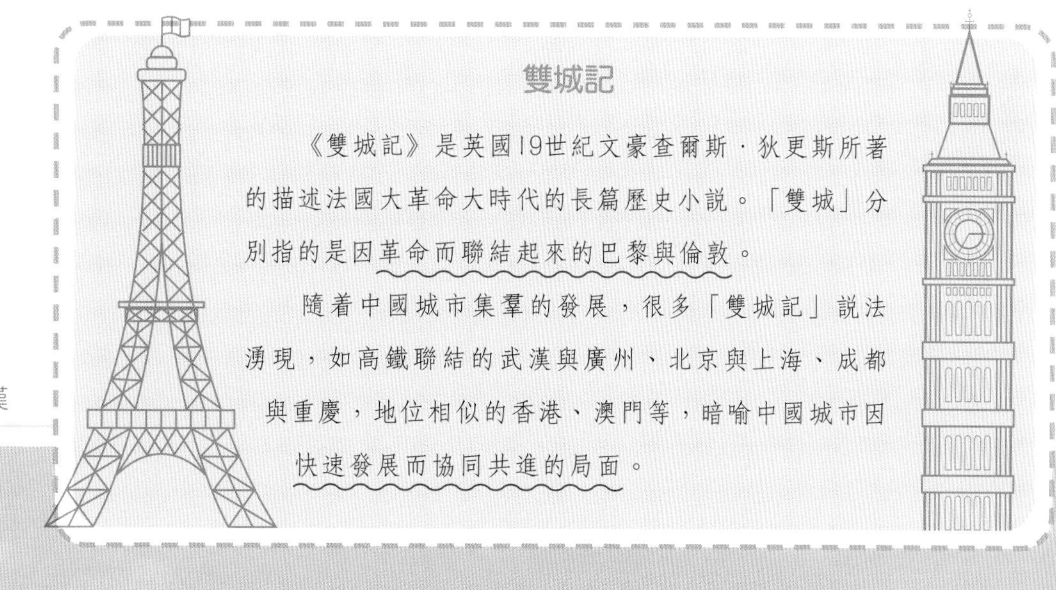

雙城記

《雙城記》是英國19世紀文豪查爾斯·狄更斯所著的描述法國大革命大時代的長篇歷史小說。「雙城」分別指的是因革命而聯結起來的巴黎與倫敦。

隨着中國城市集羣的發展，很多「雙城記」說法湧現，如高鐵聯結的武漢與廣州、北京與上海、成都與重慶，地位相似的香港、澳門等，暗喻中國城市因快速發展而協同共進的局面。

▼武漢

第二季

高山流水覓知音

解開了心中對於黃鶴去向的「困惑」，接下來我們就可以盡情領略武漢的「湖光山色」了。

湖光山色名月湖

湖北是「千湖之省」，處於「千湖之省」中心的武漢，毫無疑問也是一座湖泊之城。武漢湖泊眾多，水域面積之廣，為中國內陸城市稀有。其中，東湖水域面積最大，是武漢人心目中的「杭州西湖」。

◀月湖

武漢還有一個月湖，月湖之濱有一個古琴台，又叫伯牙台，是中國著名的音樂文化古跡。

伯牙是春秋戰國時期晉國的上大夫，春秋時著名的琴師，擅彈古琴，技藝高超，既是彈琴能手，又是作曲家，被人尊為「琴仙」。世人更是皆知「伯牙遇知音」的故事。當年伯牙鼓琴、「以琴會友」的具體地方就在今天的古琴台。

「以琴會友」具體是怎麼回事？伯牙為何要摔琴呢？

▲伯牙台

◀東湖水域面積是杭州西湖的6倍之多，是中國最大的城中湖。34座蔥鬱的山峯緊緊環繞着東湖。朱德曾如此描述東湖：「東湖暫讓西湖好，將來定比西湖強。」

伯牙與子期

知音的故事

▶ 在晉國做大夫的楚國人伯牙善彈琴，但曲高而和寡（無人能欣賞）。一次，伯牙回鄉途中，在漢水邊（今武漢）彈了一首《高山流水》的樂曲

▲ 砍柴樵夫子期經過聽曲，深知琴意，伯牙和子期結為知音，相約兩年後再見

這就是那段「伯牙摔琴謝知音」的故事。現如今，人們經常用這個故事感歎知音難覓。與此同時，「高山流水」也因其美妙絕倫，而被用來比喻樂曲的高妙與動聽。

▲ 兩年後，子期已故，伯牙墳頭摔琴，發誓不再彈琴

「中國風」一曲

以琴會友，實際是以特定的媒介為形式，找到自己的知心朋友。

伯牙彈奏的曲子《高山流水》後來被譽為中國十大名曲之一。創作靈感顯然來自古代的楚國，即武漢及其周邊地區。

《高山流水》的音樂如泣如訴，極具中國韻味之美，是典型的「中國風」體現。

中國風即中國風格。它是以中國元素為表現形式，在中國文化的基礎上，適應全球發展趨勢的藝術形式。

近年隨着中國國際影響力的提升，中國風開始影響全球，流行於文化、藝術領域，如廣告、電影、音樂、服飾、建築等領域。許多中國風的流行歌曲，深受大家喜愛。

中國十大名曲

中國十大古典名曲是《高山流水》《梅花三弄》《春江花月夜》《漢宮秋月》《陽春白雪》《漁樵問答》《胡笳十八拍》《廣陵散》《平沙落雁》《十面埋伏》。

小動物會治水

月湖之東、漢水之南有一座山，形似烏龜，與黃鶴樓所在的蛇山隔江相望，兩座山脈像兩隻「小動物」一樣相互呼應，這也是關於武漢一個古老的傳說——

▲ 大禹治水，三過家門而不入

▲ 他和百姓挖河劈山，號子聲感動玉皇大帝，派龜、蛇二將下凡幫助

▲ 蛇拖出一條彎曲的大江；龜跟在大禹身後，馱着神土，讓大禹隨時撒下神土來築成長堤

▲ 龜、蛇終累得不能動了，大龜趴在漢陽，大蛇躺在武昌，龜蛇隔着大江相望，時間長了就變成兩座山

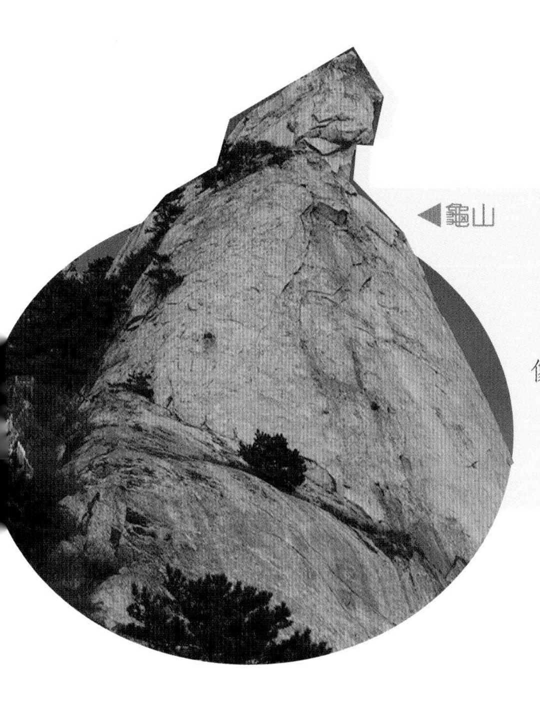

◀龜山

隔江扼守武漢長江門户的兩座山，北面這座似龜，南面這座像蛇，因此民間戲稱「龜蛇鎖大江」。

▲龜蛇鎖大江

自古楚地人才多

湖光山色的武漢，不僅有龜山、蛇山的「地靈」，同樣也是「人傑」之地，精英輩出。這些「城市英雄」，有的出生在這裏，有的則是來這裏做事。

伍子胥一夜白頭

屈原、伍子胥是「土生土長」的楚國人，他們均是以身報國的典範。

每年的端午節，武漢的民眾都要舉行紀念儀式，表達對屈原愛國精神的崇敬。他是我們最為熟悉的楚國英雄。不過，端午節還會紀念另一位楚國人士——伍子胥。在浩瀚的歷史長卷中，廣為流傳的是伍子胥過昭關一夜白頭的經典故事——

①

▲楚平王聽信讒言，要殺太師伍奢及其兩個兒子，伍子胥是次子

②

▲子胥逃走，楚平王下令捉拿

▲子胥逃到地勢險要、重兵把守的昭關，為了過昭關，他一夜急白了頭

④

▲名醫扁鵲的弟子東皐公想出調包計幫子胥脫身

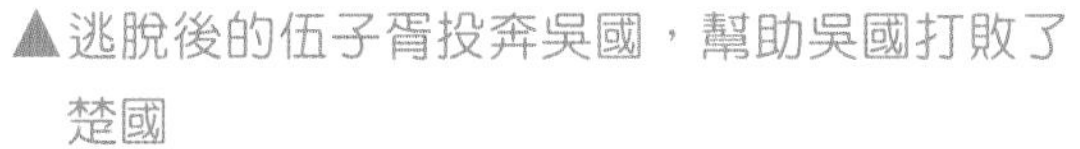
▲逃脫後的伍子胥投奔吳國，幫助吳國打敗了楚國

▲但最後，吳王聽信讒言要賜死伍子胥，伍子胥自刎而亡

相傳端午節也是紀念伍子胥的日期。伍子胥一生出將入相，輔佐了一個國家的兩代君王，也算是一代名臣，司馬遷也在《史記》中為他專門立傳。

▼蘇州伍相祠

「中體西用」之張之洞

著名的洋務運動領袖張之洞雖然不是武漢人，但他人生的精彩故事主要發生在武漢。

小秀才巧對對聯

張之洞 12 歲就出版了一本詩集，成為晚清時小有名氣的「神童」。和現在的學生一樣，張之洞為了考好試，天天堅持學習，緊張備考。

「茂才」還是「秀才」

我們經常會聽到說「秀才遇到兵，有禮說不清」。秀才到底是甚麼？秀才，又稱茂才，原指才之秀者。漢以來選拔人才的科目之一，也是學校生員的專稱。東漢人避劉秀諱，「秀」改作「茂」。

①

▲清朝道光年間，剛滿十歲的張之洞參加秀才考試。主考大人見是個小毛孩，有點看不起

②

▲主考大人讓張之洞對一副對聯，張之洞順利完成，被准予參加考試

▲主考大人出題，張之洞應答如流

④

▲主考大人欣賞張之洞的才華，便讓十歲的張之洞中了秀才

建工廠的改革者

張之洞後來高中舉人，轟動一時，後長期任職於武漢地區，極力推行新政，修鐵路、建工廠、練新軍、辦學堂……成為「洋務運動」的主要領導者。

「中學為體，西學為用」是張之洞等晚清士人在洋務運動中，受到近代西方思潮衝擊下慢慢形成的一個社會變革性共識。

▲張之洞創辦的中國第一家鋼鐵廠——漢陽鐵廠

晚清的洋務派人士深受西方思潮影響，在着裝上也是「中西合璧」 ▶

師夷長技以自強

洋務運動，又稱自強運動、同治維新，是清後期至清末時，清廷洋務派官員抱着「師夷長技以自強」（學習西方技術以圖自強的意思）的口號和目的，在全國展開的工業運動。該運動自 1861 年年底（清咸豐十年）開始，至 1895 年大致告終，持續了近 35 年。

鐵杵磨成針

張之洞這樣的人才或「神童」是怎樣煉成的？他們是如何獲得學習之「道」的？古往今來，很多人都在苦苦思索，並試圖找到成功的捷徑。成功有捷徑嗎？看看下面的故事吧。

▲真武大帝在武當山苦苦修煉很多年，還是沒有成效，也無法成仙。他有些灰心喪氣，準備回皇宮當太子享清福去了

▲下山途中，遇到一個老太太在純陽宮的一口井旁磨鐵棍

▲武當山的磨針井又名「純陽宮」

▲看到真武好奇和不屑一顧的表情，老太太一邊不緊不慢地磨着，一邊說出「鐵杵磨針」的道理

▲真武這才醒悟，回山繼續修煉，終於得道成仙

惟楚有材

武漢及其周邊地區歷來人傑地靈，出了很多有才華的人，有一種說法是「自古楚地出人才」。武漢人最引為自傲的是湖北貢院的那塊「惟楚有材」的金字牌匾。屈原在《離騷》中曾以楚國各種香草的香，比喻當年人才濟濟的盛況。

▲武漢大學

余既滋蘭之九畹兮，
又樹蕙之百畝；
畦留夷與揭車兮，
雜度蘅與方芷。
——選自屈原《離騷》

楚河漢界「領頭雁」

武漢是楚文化的核心地帶，同時也是兵家必爭之地。百年來，武漢始終堅持在各方面做衝在棋盤「最前線」的「領頭雁」。

棋盤上的城市

▼霸王別姬

雖說當年楚漢相爭的地點，在古代楚国北部邊境的今河南滎陽（中國象棋之鄉）一帶，但只要是在古代楚國範圍之內，或是看到與「楚」有關的事物，人們便會立即想起武漢，這似乎已經成為一種思維習慣。

中國象棋棋盤中的分界線，以楚河、漢界為準，這明顯來源於楚漢戰爭。「霸王別姬」便是以那場持久而慘烈戰爭為背景上演的一幕動人的戲劇場景。

從棋盤的格式來看，楚河漢界兩邊擺上了棋子之後，形成的黑紅相峙、相爭，正好藝術地再現了楚漢爭奪天下的歷史面貌。

實際上，我們可以仔細看看武漢地圖，你有沒有發現，區隔武漢「三鎮」（武昌、漢口、漢陽）的彎彎曲曲的河流湖泊，像不像中國象棋棋盤上的線條？

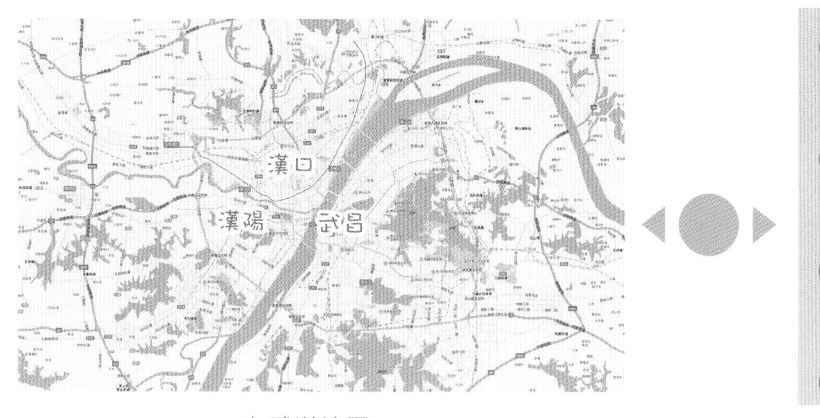

▲武漢地圖

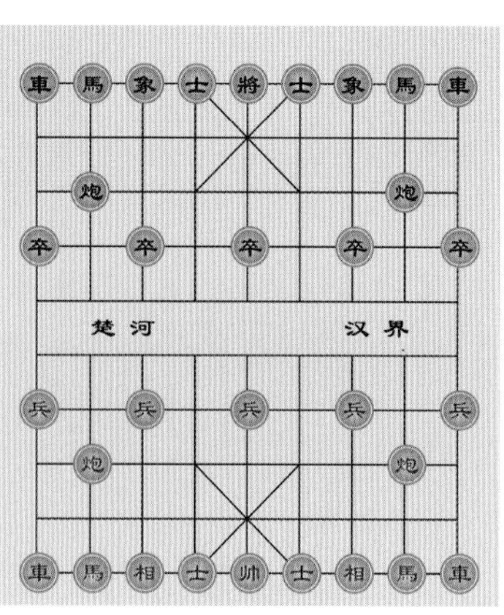

▲中國象棋

武當、太極與楚文化

你喜歡太極拳嗎？聽説過武當派嗎？它們均與武漢相關。

在建城3500多年的武漢及其周邊，你一定能看到、找到和感受到獨特的楚文化。例如，武當山上的道觀、源遠流長的太極拳，以及不同於其他地方的郢都宮殿及台榭建築風格等。

古代楚人對火和鳳凰特別崇拜，這種灑脱、浪漫的特徵，不同於北方文化，但念祖、忠君、愛國則是楚文化與中原文化的共有之處，且情感更為熾烈。

當我們拿起太極劍、打起太極拳的時候，我們的楚文化之旅便已開始了。

▶ 佛教聖地歸元寺

▼ 道教聖地武當山

百年前的第一槍

在封建王朝大廈將傾，各地革命力量風起雲湧的歷史關鍵時刻，武昌起義之前，革命黨人已經組織過十多次武裝起義，而武昌起義成功終結了清朝封建帝制。武昌被稱為「首義之地」，是因為此次起義的槍聲得到了全國絕大多數省份的響應。

武漢人「振臂一呼」的剛烈性格，成就了中國資產階級民主革命高潮，中國人民由此邁開了走向共和的步伐。

▶勒星頓第一槍紀念雕像

知道勒星頓的槍聲嗎？

1775年4月，英軍到達勒星頓之後，不知道是誰開了第一槍，槍聲像信號一樣很快傳遍英屬北美十三個殖民地，美國獨立戰爭的序幕就此拉開。

中國也有勒星頓的槍聲。

1911 年（辛亥年）秋天，中國中部腹地武昌，在革命黨高層領導人不在的情形下，一批名不見經傳的新軍士兵揭竿而起，一夜激戰，竟然奪取省會，最終造成清王朝及沿襲兩千餘年的專制帝制的覆亡。

▲百年前的首義之地——武昌

孫中山與首義地

中國資產階級民主革命的先驅孫中山先生曾於1894年、1912年兩度到武漢。

他對辛亥首義的武漢，給予了「武漢一呼，天下響應」「民國開創，武漢實為首功」的高度評價。在他編製的《建國方略》等巨著中，曾為武漢專門做出建設規劃。

治水英雄看今朝

武漢地處江漢平原，水域面積佔全市國土面積的四分之一，市內 165 條河流、166 個湖泊、272 座水庫如玉帶蜿蜒、星羅棋佈，再加之地勢平坦，易受洪災。

長江、漢江奠定了武漢的基礎與地位，但也使之飽受洪災之患。治水始終是武漢無法回避的問題。

長江、漢江兩江交匯處的漢陽南岸嘴，歷史上一直是「十年九淹」。南岸嘴對岸是漢口江堤最脆弱的地段，老百姓在此修了龍王廟。但1931年龍王廟決堤，水淹漢口三個多月，死亡三萬餘人。

從漢代至清代2000年間，長江中下游共發生較大洪災200多次，平均10年一次，近代則增加到3～5年一次。僅從唐代中葉到清代道光年間1000多年中，武漢共發生大洪水50多次，平均不到20年就蒙受一次滅頂之災。

治水英雄譜

◀武漢抗洪紀念碑

高聳在漢口江灘的武漢防洪紀念碑，見證了中華人民共和國成立以來武漢人民戰勝和抵禦洪水襲擊的英雄事跡：

1954年：特大洪水，長江最高水位29.73米，超過1931年的最高水位1.45米，軍民一心合力抗洪，力保武漢平安。

1957年：武漢建起了萬里長江第一橋。

1998年：武漢再遇大洪水，長江成為地面懸河，在中央的堅強領導下，再保武漢平安。

2008年：武漢開通萬里長江第一隧——武漢長江隧道。

2011年：三峽工程成功防洪。

雖然沒有了傳說中的「動物」神靈來幫忙，但依靠軍民一心，抗洪取得了一次次成功。

▼武漢防洪紀念碑局部浮雕

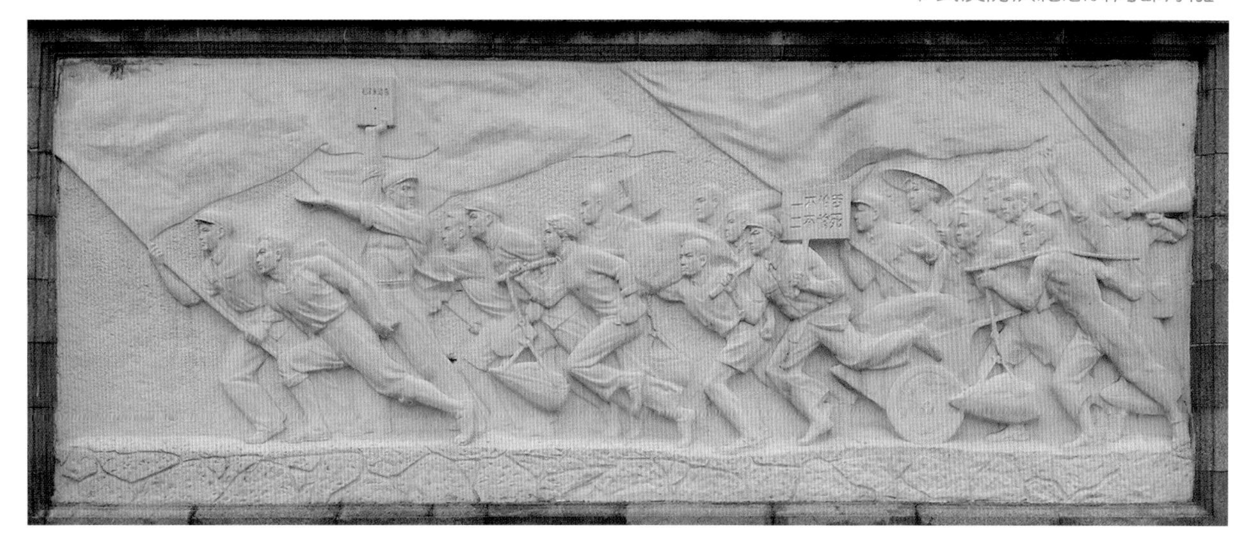

三峽工程與水患

已建成的三峽工程正常蓄水位175米，防洪庫容221.5億立方米，可有效調節並控制宜昌以上洪水來量，減少下泄流量，有效保證荊江河段的行洪安全，對城陵磯、洞庭湖區、武漢等地的防洪安全也有很大作用。

去武漢看櫻花

春天，江城美景隨處可見，而賞櫻花成為武漢市民的春日狂歡之一。「去武漢看櫻花」成了許多人到訪武漢的重要理由。除了看櫻花，戶部巷的美食、現代化的城市風貌、武漢人的熱情，也一定不會令遊人失望的！

江城三月看櫻花

乘坐高鐵看櫻花

武漢的櫻花，數武漢大學和東湖的櫻花開得最盛。

只聽說日本富士山的櫻花最出名，可武漢為何也有如此之多的櫻花？

武漢大學櫻花 ▶

▲東湖櫻花

日本櫻花 ▶

兩種來歷不同的櫻花

武漢大學的櫻花有很長的歷史，更有着複雜的歷史背景。

武大櫻花，多數人只知道是侵華日軍所栽種。因此美麗的櫻花雖然春色無邊，給人們美的享受，但也帶了一些「煩惱」：有人認為櫻花是國恥的象徵，也有人說武大因櫻花而美麗、櫻花因武大才迷人。

但實際上，即使是日本人栽種的櫻花，也有着兩種不同的來歷。

作為中日友好象徵的櫻花

1972年，中日邦交正常化，日本首相田中角榮向周恩來總理贈送了1000株大山櫻。周恩來總理將其中50株轉贈給了武漢大學。1982年，日本友協等又贈送了100株垂枝櫻苗給武漢。1992年，日本廣島砂田壽夫先生贈送櫻花樹苗200株。這些櫻花則是中日友好的象徵。

作為侵華罪證與國恥象徵的櫻花

1938年，日軍攻陷武漢，將司令部和後勤部門設於武漢大學。為了緩解大批日本傷兵的思鄉之情，同時也有炫耀武力和長期佔領之意，日軍從日本本土大量移植櫻花，珞珈山的這第一批櫻花，可以說是日本侵華的罪證、國恥的象徵。

除了來自日本的櫻花，武漢大學還自己栽種了一批中華櫻花。

對比一下中日的櫻花，看看各自有哪些特色。

2014年武漢賞櫻地圖▲

戶部巷裏「快熱鮮」

武漢的小吃以早點為主，武漢人又把吃早飯叫「過早」。 武漢「九省通衢」的獨特地理位置，造就了武漢飲食必然融合了全國東西南北的很多風味。

美味「老武漢」

著名的「老武漢」小吃有：老通城的三鮮豆皮、四季美的湯包、蔡林記的熱乾麵、順香居的燒梅、福慶和的牛肉米粉、糯米包油條、小桃園的煨湯、田啟恒的糊湯粉、謝榮德的麵窩等。

其中，又以老通城、小桃園、蔡林記、四季美合稱武漢「四大名小吃」，曾經的風光無限，讓很多「老武漢」如數家珍。

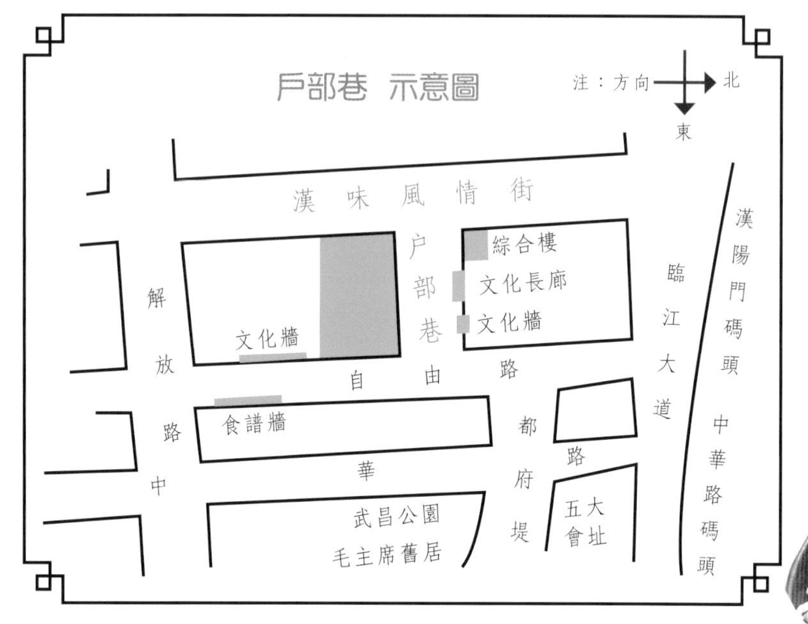

不甘人後的「九頭鳥」

九頭鳥又稱九鳳，崇拜九頭鳥就是楚人對火和鳳凰文化信仰的體現。因古漢語中「九」和「鬼」同音，也叫作鬼車、鬼鳥。

「九頭鳥」的象徵

九頭鳥是身上有九個頭的鳳，是戰國時代楚國先祖所崇拜的神鳥。九頭鳥顏色發紅，有點像鴨子，人面鳥身。

九頭鳥在漢代以後逐漸淪為妖鳥。近現代以後，神鳥的正面形象又漸漸在民間「恢復」。因此才有「天上九頭鳥、地上湖北佬」的諺語，象徵湖北人尤其是武漢人民不甘人後的精神。

借助改革開放政策的推力，在「九頭鳥」精神的鼓舞下，武漢人不斷克服困難，奮勇向前，逐步走出了一條「四通八達」的發展之路，取得了不少的成就。

看看這些圖，
可以感受到武漢作
為現代化大都市的
飛速發展。

▲武漢長江大橋

▲漢街商業中心

「中部崛起」看武漢

繼東部開放、西部大開發等之後，中央又跟進和提出了「中部崛起」的計劃。

武漢處於中部城市羣的中心，「九省通衢」的要害關鍵地位註定了其將在「中部崛起」計劃中處於核心地帶。武漢這隻「九頭鳥」，將再次迎來騰飛的大好機遇！

▼漢口江灘

「火爐」武漢

當然，武漢也有軟肋。比如武漢的諧音居然是「捂汗」！為甚麼？

武漢自民國時期起就位列我國傳統的「三大火爐」城市（重慶、武漢、南京）之列。武漢的諧音詞「捂汗」，形象地詮釋了火爐城市的特徵。

近年的氣温監測結果表明：曾經是聞名全國的「火爐」之一的武漢，已摘掉了這頂戴了很久的「熱帽子」。如今的「炎熱排行榜」上，武漢已讓位於其他城市。據分析，其中有大氣候變化的因素，但城市綠化、科學規劃顯然立下了汗馬功勞。

「火爐」武漢

武漢形成「火爐」的主要原因是：夏季高空被副熱帶高氣壓帶控制着；處在海拔較低的長江流域河谷中，河谷的地形特點猶如鍋底，四周山地環抱，地面散熱困難，使氣温不斷升高；武漢水田網密佈，水汽多，濕度大，人體出汗後不易蒸發，出汗的散熱效率大大降低，高温加高濕，更使人感到悶熱。

▼摘掉「熱帽子」的武漢

城市攻略——最省時的「三鎮」遊覽線路

武漢是中國象棋棋盤上「楚河漢界」的所在地。滾滾長江縱貫市區，串聯起武漢「三鎮」（武昌、漢口、漢陽），滔滔漢水分隔漢口、漢陽。要在兩條大河大江之間來回穿梭，可不是件容易的事情！在「棋盤」上畫出你最省時、最省力的旅遊線路吧！

武漢市地圖

我的最省時武漢旅遊季設計路線

出發時間：

預算：

交通工具：

漢口
武昌

我的家在中國・城市之旅 4

楚風漢韻通九省 武漢

檀傳寶◎主編　王小飛◎編著

責任編輯：楊安琪
裝幀設計：龐雅美
排　　版：龐雅美　鄧佩儀
印　　務：劉漢舉

出版 / 中華教育
香港北角英皇道 499 號北角工業大廈 1 樓 B
電話：（852）2137 2338
傳真：（852）2713 8202
電子郵件：info@chunghwabook.com.hk
網址：https://www.chunghwabook.com.hk/

發行 / 香港聯合書刊物流有限公司
香港新界荃灣德士古道 220-248 號
荃灣工業中心 16 樓
電話：（852）2150 2100
傳真：（852）2407 3062
電子郵件：info@suplogistics.com.hk

印刷 / 美雅印刷製本有限公司
香港觀塘榮業街 6 號
海濱工業大廈 4 樓 A 室

版次 / 2021 年 3 月第 1 版第 1 次印刷

規格 / 16 開（265 mm x 210 mm）

本書繁體中文版本由廣東教育出版社有限公司授權中華書局（香港）有限公司在香港特別行政區獨家出版、發行。